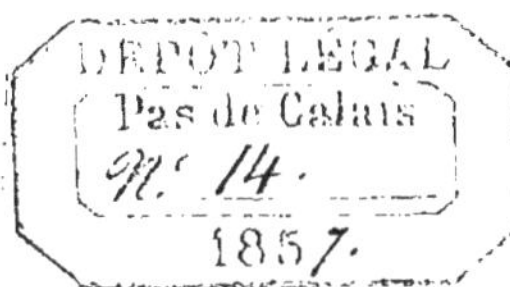

MÉMOIRE

présenté à

L'ACADÉMIE D'ARRAS

par

M. L. LESTOCQUOY,

CHIRURGIEN EN CHEF DE L'HOSPICE CIVIL D'ARRAS,

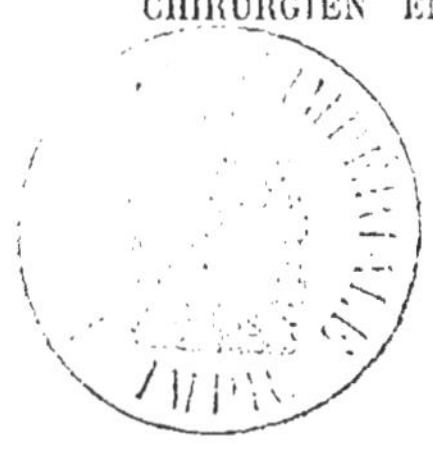

le 21 Décembre 1855.

ARRAS,
Typographie d'ALPHONSE BRISSY, rue des Capucins, 22.

1856.

PROPOSITIONS

RELATIVES

A LA CAUSE DE LA LOCOMOTION DU CŒUR,

précédées

DE L'ÉNONCÉ DU PRINCIPE DE PHYSIQUE SUR LEQUEL S'APPUIENT CES PROPOSITIONS.

Énoncé du principe.

C'est un principe parfaitement établi en physique que, pendant l'écoulement d'un liquide à travers une ouverture pratiquée aux parois d'un vase, la force avec laquelle le liquide s'échappe, s'exerce simultanément sur tous les points des parois restés intacts, de sorte que si, par la pensée, on divise la surface intérieure de ce vase en parties égales à l'aire de l'ouverture de sortie, chacune de ses parties sera sollicitée au mouvement par une force égale à celle qui anime le courant. Mais toutes ces forces égales, agissant deux à deux en sens diamétralement opposés, se neutralisent réciproquement à l'exception d'une seule, savoir : celle qui sollicite la portion de surface diamétralement opposée à l'ouverture de sortie. Celle-ci n'ayant pas ou plutôt n'ayant plus d'antagoniste, sollicite la partie sur laquelle elle agit à un mouvement (virtuel ou efficace) en sens inverse du courant. Mais cette portion de surface adhérant au reste d'une manière intime tend à entraîner le tout, de telle sorte que le vase entier est sollicité à un mouvement de translation (virtuel ou efficace) dans un sens diamétralement opposé à celui du liquide qui s'écoule. Ainsi s'expliquent le mouvement du tourniquet hydraulique, des roues à réaction, du recul du fusil, etc., etc.

Première proposition.

Chacune des quatre cavités du cœur est, à un moment donné, assimilable à un vase clos, à parois résistantes, d'où s'échappe un liquide en vertu de l'élasticité de compression.

Pendant la *systole* du ventricule gauche, ses parois sont dures et résistantes, l'orifice auriculo-ventriculaire gauche se ferme, les soupapes aortiques s'ouvrent, le sang s'écoule par une ouverture unique, l'aorte, donc, *en ce moment*, le ventricule gauche est parfaitement assimilable à un vase clos, à parois résistantes, d'où s'échappe un liquide par une seule ouverture et en vertu de son élasticité de compression. Les choses se passant absolument de la même manière par le ventricule droit, ce ventricule, pendant sa systole, est également assimilable à un vase, dans les conditions déterminées.

L'oreillette droite, dans sa systole, offre également des parois dures et résistantes, mais, en même temps que le sang s'échappe par l'orifice auriculo-ventriculaire, un certain reflux s'effectuant, au moins dans certains cas, par les veines caves, c'est-à-dire, par un point diamétralement opposé, cette cavité de l'oreillette est encore assimilable à un vase clos, mais dans des conditions un peu différentes de celles des ventricules, c'est-à-dire à un vase clos d'où le liquide s'échapperait par deux ouvertures pratiquées aux parois dans des points différents ou opposés, l'une pourtant ayant un diamètre beaucoup moins considérable que celui de l'autre. Une disposition semblable existant pour l'oreillette gauche, cette cavité est également pendant sa systole assimilable à un vase clos, à parois résistantes, présentant deux ouvertures d'écoulement, pratiquées dans des points différents ou opposés et offrant des diamètres inégaux.

Deuxième proposition.

De la proposition qui précède résulte l'existence de quatre forces tendantes à mouvoir le cœur.

Cette proposition est évidente, au moins pour deux de ces forces, celles qui naissent de la sortie du sang des ventricules par une seule ouverture. Elle n'est pas moins évidente pour celles qui proviennent de la sortie du sang des oreillettes, si l'on fait attention que, bien que ces cavités puissent offrir, peut être, deux ouvertures de sortie, l'une de ces ouvertures est néanmoins incomparablement plus petite que l'autre, et partant tout-à-fait insuffisante, en quelque point d'ailleurs qu'elle se trouve placée, pour neutraliser complètement l'effet de la sortie du sang par la plus grande. Tout au plus pourrait-on, au lieu d'une seule force, en admettre deux par chaque oreillette, partie agissant dans des directions différentes, partie se neutralisant l'une l'autre. Mais le reflux du sang dans les veines est si peu de chose comparativement à son écoulement par l'orifice auriculo-ventriculaire, il est d'ailleurs si peu certain, ou, si l'on veut, si peu l'état normal, qu'il paraît préférable de ne considérer, pour les oreillettes comme pour les ventricules, qu'une seule force pour chacune d'elles.

Troisième proposition.

Les directions, les points d'application, les sens et les temps d'action de ces forces sont tels que les mouvements qu'elles tendent à déterminer, se feraient, s'ils étaient efficaces, précisément dans le sens de ceux qu'effectue en réalité le cœur.

Pour démontrer cette proposition rappelons d'abord : 1° Que les ventricules se contractant ensemble, les oreillettes également ensemble, les quatre forces naissent en réalité deux par deux. 2° Que les systoles auriculaire et ventriculaire étant *alternatives*, les forces qui en résultent n'existent pas simultanément, mais se succèdent également deux à deux. Il suit de là que l'on peut avec avantage diviser ces quatre forces en deux couples, l'un comprenant les deux forces ventriculaires, c'est-à-dire celles qui naissent de la sortie du sang par les ventricules, l'autre, les deux forces auriculaires ou qui naissent du passage du sang des oreillettes dans les ventricules lors de la systole auriculaire. Soit donc le couple ventriculaire : quels sont les direction, sens d'action et point d'application des deux forces qui le composent? Les directions de ces deux forces sont, avons-nous dit, les directions mêmes du double cours du sang à sa sortie des ventricules, les mêmes encore que les directions des artères aorte et pulmonaire à leur naissance; si donc sur ces deux directions on construit un parallélogramme, nous aurons : 1° la direction de la résultante dans la diagonale; 2° son point d'application, dans le point de la paroi ventriculaire traversé par cette diagonale; 3° son sens d'action inverse de celui du cours du sang, d'où résulte tendance au mouvement de la base à la pointe.

Pour le couple auriculaire, les directions du double cours du sang à sa sortie des oreillettes ayant lieu pour chaque oreillette de l'ouverture auriculo-ventriculaire à la pointe du cœur, si, sur ces deux directions, on construit un parallélogramme, nous aurons également : 1° la direction de la résultante dans la diagonale; 2° son point d'application dans le point des parois auriculaires traversé par cette diagonale, et enfin, 3° son sens d'action inverse de celui du cours du sang, d'où tendance au mouvement de la pointe à la base.

Nous avons donc deux tendances, une de la base à la pointe, l'autre de la pointe à la base; mais, d'après ce que nous avons dit, ces deux tendances n'existent pas dans le même temps et par conséquent ne se neutralisent pas; elles se succèdent au contraire et constituent par conséquent une tendance à un mouvement de va-et-vient de la base à la pointe et de la pointe à la base; or, c'est précisément ce mouvement de va-et-vient, de la base à la pointe et de la pointe à la base qui en réalité constitue la locomotion du cœur, telle qu'elle a été observée et décrite par tous les expérimentateurs.

J'ai négligé à dessein d'examiner si les deux résultantes provenant de la composition des deux couples avaient une direction identique passant par le centre de gravité ; auquel cas seulement la double tendance se bornerait à provoquer purement et simplement un mouvement de va-et-vient ; mais on conçoit que si ces deux résultantes affectaient en effet deux directions distinctes ou même une seule qui ne passât point par le centre de gravité, il faudrait ajouter à cette tendance au va-et-vient une autre tendance double à un mouvement de balancement latéral ou de torsion ayant pour but de placer le centre de gravité alternativement sur l'une et l'autre direction. Or, il est bien difficile d'admettre que, pour un organe qui, à chaque instant, change et de volume et de poids, qui de plus est creusé de quatre cavités dans lesquelles entre, et d'où s'échappe sans cesse un liquide, dans lequel par conséquent le centre de gravité semble devoir se déplacer à chaque instant, il est bien difficile d'admettre que le centre de gravité se trouve toujours sur la direction de la force qui agit. Il semble bien plus logique d'admettre que les deux directions ou que l'une d'elles, s'il y en a deux, ou que la direction unique, si elles se confondent, ne passent pas ou ne passent pas toujours par le centre de gravité et que partant indépendamment de la tendance au va-et-vient, il existe une tendance à un mouvement de balancement ou de torsion. Or, on constate en réalité, indépendamment du va-et-vient principal, un autre mouvement de balancement ou de torsion, ou, si l'on veut, un autre va-et-vient secondaire.

Quatrième proposition.

Eu égard aux conditions de position dans lesquelles se trouve le cœur, ces forces sont assez puissantes pour faire que le mouvement ne soit pas seulement virtuel mais efficace.

Il suffit de jeter un coup d'œil sur la situation du cœur pour se faire une idée de sa mobilité! Entièrement libre dans son enveloppe séreuse, il ne tient au reste du corps que par des vaisseaux flexibles et élastiques qui le suspendent par sa base. Une force minime peut donc le mouvoir à peu près en tous sens. Or, sans chercher à évaluer positivement les résultantes obtenues, nous pouvons nous faire une idée approximative de leur valeur en nous rappelant leurs équivalents. La résultante ventriculaire, par exemple, qui agit en sens inverse du cours du sang dans les artères aorte et pulmonaire, est égale à la résultante des forces qui animent les deux courants ; or, je le demande, si, au lieu de sortir,le sang entrait dans le cœur par ces deux artères, avec une vitesse égale, son choc contre les parois ventriculaires ne paraîtrait-il pas capable de mouvoir le cœur, et chercherait-on une autre cause à sa locomotion ? Or, la force que nous invoquons, est bien une force égale agissant et dans la même direction et sur les mêmes points d'application.

Toutefois, cherchons à préciser plus exactement la valeur de cette force. Et d'abord, disons en quoi consiste cette valeur. Les surfaces intérieures des artères, comme celles des ventricules, sont soumises à une pression excentrique qui, à un certain moment donné, que je vais préciser, est égale sur l'une et l'autre de ces surfaces ; ce moment, c'est celui qui précède immédiatement le soulèvement des valvules artérielles, alors que les ventricules ayant déjà commencé leur contraction, trouvent les soupapes artérielles sans résistance. La pression qui existe alors sur les surfaces des ventricules, ou si l'on veut, la *tension* ventriculaire est nulle pour la tendance ou mouvement du cœur, équilibrée qu'elle est par la tension artérielle. Mais la systole continuant fournit à la pression primitive une *quantité additionnelle* qui mesure exactement la force cherchée, c'est-à-dire la force qui tend à produire l'impulsion du cœur. Il s'agit donc de trouver cette quantité additionnelle. Mais on comprend *à priori* qu'il est impossible de faire sur l'homme vivant des expériences capables de faire connaître ces différences de tension; il n'est d'ailleurs pas facile dans les vivisections de conserver les conditions de l'état normal; enfin les ectopies du cœur elles-mêmes ne sont pas l'état normal; toutefois, comme elles s'en rapprochent le plus, c'est peut-être de ce côté qu'il est préférable de chercher notre point d'appui. Or, nous trouvons que dans un cas d'ectopie du cœur chez un veau qui, né depuis dix jours, buvait très-bien et paraissait se porter parfaitement, nous trouvons, disais-je, que Héring de Stuttgard ayant, à l'aide d'une légère piqûre, pratiquée avec une lancette, introduit un tube dans le ventricule gauche, vit le liquide s'élever rapidement à une certaine hauteur, osciller d'abord violemment, mais bientôt offrir un mouvement régulier pendant lequel, à chaque contraction, le niveau de la colonne s'élevait d'environ le treizième de la hauteur totale. On peut ce me semble, sans crainte de s'exposer à une erreur trop grande, supposer que, quelle que soit la hauteur totale que dût fournir chez l'homme une semblable expérience, l'augmentation devrait avoir lieu dans le même rapport, c'est-à-dire être aussi d'un treizième environ; or, les calculs de M. Poiseuille donnent pour la force totale *statique* 65 onces dont le treizième, 5 onces, exprimerait la valeur de la force ventriculaire gauche. Il est digne de remarque peut-être que c'est précisément ce poids de 5 onces qu'a trouvé Keil dans ses calculs tendant à établir la force *dynamigue* du cœur. « La force du cœur serait capable, dit-il, d'élever à la hauteur de 8 pouces 6 lignes et pendant un cinquième de seconde, une quantité de sang dont le poids serait égal à 5 onces. » Cette concordance, disais-je, est remarquable et il ne nous répugne pas d'admettre que la *quantité additionnelle* du ventricule aortique est en effet de 5 onces. Mais cette quantité additionnelle du ventricule aortique ne mesure pas la force qui tend à rendre le mouvement du cœur efficace. Il faut également tenir compte de la quantité additionnelle du ventricule droit, or, pour celle-ci, le raisonnement comme l'expérimentation indique une valeur à peu près égale à celle du ventricule aortique.

Et d'abord le raisonnement. La tension ventriculaire droite est moindre que la tension ventriculaire gauche d'un tiers environ (comme 18 est à 27). Mais cela tient à ce qu'elle a moins de résistance à vaincre dans la tension artérielle correspondante. La *quantité additionnelle* qu'elle est obligée de fournir pour imprimer au sang une vitesse égale à celle du sang aortique, n'en doit pas moins être égale à la force additionnelle du ventricule gauche sans quoi les vitesses dans les deux artères, aorte et pulmonaire, ne seraient pas égales.

L'expérimentation : dans les mêmes expériences de Héring que nous venons de mentionner, nous trouvons que la tension ventriculaire droite augmente, non plus d'un treizième, mais d'un neuvième, c'est-à-dire d'une quantité proportionnellement plus considérable, et à peu près égale à celle fournie par le ventricule aortique. Ce n'est donc plus une force unique de 5 onces, mais bien la résultante de deux forces d'environ 5 onces chacune qui doit être prise en considération pour résoudre la question de savoir si son action est suffisante pour rendre le mouvement du cœur efficace. Or, si nous remarquons que, d'un côté, le cœur, d'ailleurs mobile ainsi que nous l'avons dit, ne pèse que 200 à 250 grammes, c'est-à-dire environ sept onces, que, d'un autre côté, en raison des directions indiquées plus haut, la résultante des deux forces, sans être égale à leur somme, en approche pourtant, il nous semble impossible de ne pas admettre que cette résultante suffit pour rendre le mouvement du cœur réel.

Il y a plus, le cœur fût-il beaucoup plus lourd, son poids fût-il, par exemple, d'un kilogramme, l'effet ne s'en produirait pas moins dans la station normale; car la résultante des deux forces ventriculaires n'agit pas alors contrairement à la pesanteur, mais précisément dans le sens de cette force. La seule différence serait donc une tension élastique plus grande dans le lien suspenseur. J'ai dit dans la station normale, parce qu'en effet c'est seulement dans cette situation que la force qui nous occupe agit dans le sens de la pesanteur; que si, au contraire, on se plaçait dans une situation telle qu'elle dût agir contrairement à la pesanteur, il y aurait des limites et peut-être des limites très-restreintes à l'augmentation de poids, et ceci nous rendra compte peut-être de l'impossibilité où se trouvent certains malades affectés de lésions organiques du cœur, de garder même momentanément certaines situations et spécialement le décubitus dorsal.

Nous avons étudié, jusqu'ici, la force qui éloignait le cœur de son point d'attache, il nous reste à examiner celle qui le ramène à sa place de manière à compléter le va-et-vient. Or, remarquons d'abord que de deux choses l'une : ou le mouvement s'est effectué en sens inverse de la pesanteur, et alors l'action de la pesanteur tend à ramener le cœur aussitôt que la force motrice a cessé d'agir; ou ce mouvement a eu lieu dans le sens de la pesanteur, et alors la tension élastique du pédicule, momentanément exagérée tend à le relever. Mais ici un inconvénient se présentait : un lien suspenseur élastique toujours ou trop souvent tendu, finit, quelque puissant qu'il soit, par perdre de son ressort et s'allonger, or, la nature qui sait admirablement faire concourir un même moyen à plusieurs fins, a su pourvoir à cet inconvénient par l'action de la résultante auriculaire dont il nous reste à apprécier la puissance.

Cette force résulte, avons-nous dit, de la composition des deux forces auriculaires. Or, nous trouvons encore dans les mêmes expériences de Héring que la tension de l'oreillette droite, beaucoup moindre d'ailleurs que chacune des tensions ventriculaires, s'accroissait comme elles, mais d'une quantité absolue beaucoup moindre, d'environ la moitié. En admettant qu'on obtînt un résultat semblable pour l'oreillette gauche, la résultante des deux forces serait à peu près moitié moins considérable que la résultante ventriculaire; mais, d'après ce que nous avons dit, elle est suffisante pour compléter le va-et-vient, aidée qu'elle doit être ou par la pesanteur, ou par le retrait du suspenseur élastique dont la tension cesse d'être exagérée. Elle vient donc, tout en complétant le va-et-vient, effectuer la détente ou le relâchement du ressort suspenseur et lui permet par conséquent de fonctionner d'une manière indéfinie sans avoir à subir d'élongation sensible.

En résumé, les évaluations auxquelles nous sommes arrivés me paraissent suffisantes pour *mouvoir* le cœur, j'ajouterai que loin d'avoir exagéré ces valeurs, il est très-probable que nous sommes restés beaucoup au-dessous de la réalité.

Cinquième proposition.

Ces forces étant des forces *constantes*, c'est-à-dire agissant pendant toute la durée du mouvement, peuvent très-bien expliquer l'étendue du déplacement.

Constatons d'abord que les forces admises ne sont pas tout à fait *instantanées*; elles durent peu, sans doute, puisque les cavités ne mettent pas beaucoup de temps à se vider, mais enfin le sang n'en sort pas en totalité et instantanément, il met un certain temps à le faire; or, pendant ce temps, la force continue d'agir nonobstant le mouvement imprimé au cœur; c'est donc en réalité une force *constante* qui non seulement prolonge le mouvement, mais l'accélérerait même si une autre force retardatrice, la pesanteur ou la tension du suspenseur élastique, ne tendait à s'y opposer. Il en résulte que le mouvement reste à peu près uniforme pendant toute sa durée.

Quant à l'étendue réelle du mouvement, il est évident d'abord qu'elle devrait être proportionnelle à la durée d'action de la force motrice, si d'autres causes ne venaient tendre à modifier ce résultat. Il en existe en effet deux de ce genre, l'une qui, agissant d'abord, facilite le mouvement, l'autre qui, agissant plus tard, le limite et l'arrête. La première résulte de ce que le cœur en même temps qu'il se meut en masse se raccourcit, tendant, par conséquent, à laisser pour la locomotion un espace libre d'obstacles; la seconde réside dans l'obstacle même qu'opposent à la locomotion du cœur les parois de la poitrine. Il y a donc bien locomotion *réelle*, mais l'étendue de cette locomotion n'est pas exactement proportionnelle à la durée d'action de la force. En somme, le mouvement de locomotion est en partie *réel*, en partie *virtuel*.

Remarquons encore qu'ici, comme presque toujours dans les œuvres de la nature, deux effets distincts se facilitent réciproquement l'un l'autre. La locomotion, comme nous venons de voir, est facilitée par le raccourcissement, mais celui-ci à son tour est facilité, ou, si l'on veut, est rendu sans inconvénients par la locomotion. Et, en effet, en se raccourcissant et diminuant de volume, le cœur tend à produire le vide vers sa pointe, ce vide ne pourrait être comblé que par un lobe du poumon et ce ne serait pas sans des inconvénients graves qu'un lobe du poumon dût venir s'interposer entre les parois de la poitrine et le cœur, et s'en retirer dans l'intervalle de chaque contraction, c'est-à-dire dans un instant quelquefois imperceptible. Sans doute, par le fait de la locomotion, un effet analogue, c'est-à-dire une tendance au vide se produit vers la base de l'organe; mais ici loin d'être nuisible cette tendance est doublement utile en facilitant, d'un côté, l'abord du sang vers les oreillettes, et de l'autre, l'ampliation des artères, qui en ce moment même, reçoivent le sang que projètent les ventricules (1).

(1) Toute cette première partie du mémoire a été lue à l'académie d'Arras, le 21 décembre 1855. Une commission a été nommée pour l'examiner et un rapport a été fait à ce sujet par M. le colonel Répécaud. La seconde partie, c'est-à-dire ce qui va suivre, quoi qu'annoncée à l'académie et discutée verbalement avec le rapporteur n'a pas été comprise dans le rapport. Le but de cette note est de constater, pour ce qui précède, les droits de priorité de l'auteur du mémoire, puisque les mêmes idées n'ont été présentées à l'académie des sciences par M. *Heisselheim*, qu'en octobre 1856.

Si les causes de la locomotion du cœur sont bien en réalité celles que nous lui avons assignées, il en résulte que nous pouvons, dès ce moment, trouver dans le choc de la pointe du cœur contre les parois thoraciques, un point de départ fixe pour nous aventurer avec fruit à la recherche de ce qui se passe simultanément dans les diverses parties de cet organe, et, partant, conclure à ce qui devra précéder ou suivre. Essayons de le faire, et étudions d'abord la contraction ventriculaire comme le phénomène le plus évidemment isochrone au mouvement. C'est elle, avons-nous dit, qui vient appuyer le cœur contre la paroi thoracique, cette contraction persiste pendant toute la durée du mouvement et se prolonge même un peu au-delà, c'est-à-dire pendant la durée de l'application. Nous connaissons donc déjà une bonne partie de la durée ; une seule chose pour l'apprécier complètement reste à connaître : c'est de savoir si elle commence précisément avec le mouvement ou si au contraire elle ne s'effectue pas déjà un peu auparavant d'une manière en quelque sorte *virtuelle*. Cela paraît devoir être ; et voici pourquoi : le sang poussé par les oreillettes est arrivé dans les ventricules avec une tension égale à 7 ou 8, c'est-à-dire de beaucoup inférieure à celle qu'il doit acquérir, 18 ou 27, pour pouvoir vaincre la tension des artères et soulever leurs soupapes. Mais cette augmentation de tension ne peut s'obtenir que par un commencement de contraction ventriculaire, ayant une certaine durée, quelque minime qu'elle puisse être, pendant laquelle la locomotion n'a pas lieu encore. Nous pouvons donc, par la pensée, diviser la durée totale de la contraction des ventricules en trois temps (égaux ou inégaux), le premier précédant le mouvement, le second isochrone avec lui, le troisième le suivant.

Que se passe-t-il dans les cavités pendant le premier temps?

La contraction bien qu'inefficace encore pour faire sortir le sang semble devoir cependant avoir pour effet : 1° de diminuer un peu la capacité des ventricules ; 2° de rétrécir les orifices auriculo-ventriculaires ; 3° partant, de plisser le bord annulaire et la portion adhérente de leurs valvules; 4° de rapprocher les parties flottantes de ces valvules ; 5° afin que le sang contenu dans le cône valvulaire, puisse, par les interstices qu'offrent les découpures du bord libre des valvules, pénétrer dans la cavité ventriculaire proprement dite, au lieu de rétrograder dans les oreillettes qui d'ailleurs en ce moment, comme nous verrons que tout porte à l'admettre, sont encore contractées.

Que se passe-t-il dans le second temps de la contraction ventriculaire? C'est ici qu'a lieu l'échappement proprement dit. En même temps que le cœur exécute sa locomotion ; 1° les valvules auriculo-ventriculaires se ferment, 2° les valvules artérielles se soulèvent, 3° les colonnes charnues des ventricules s'emboitent et s'engrènent, 4° la pointe du cœur vient toucher la paroi du thorax , 5° et enfin, un bruit sourd se fait entendre avant son maximum d'intensité sur les masses ventriculaires.

En même temps encore les oreillettes dont la contraction est devenue inutile entrent en diastole ; le sang y aborde avec d'autant plus de facilité que, par l'abaissement du cœur, une tendance au vide se fait sentir vers la base de cet organe. Tous ces phénomènes se passent évidemment pendant ce second temps et pourtant ils se succèdent, et l'ordre de leur succession me paraît être celui que j'ai mis dans l'énumération que j'en ai faite. Quant aux causes qui les produisent, elles sont pour la plupart trop évidentes pour qu'il soit besoin de les décrire; une seule cependant fait exception, savoir : la cause immédiate de la production du bruit que nous avons mentionné La recherche de cette cause est une des questions qui divisent le plus les physiologistes. Les uns la placent dans le jeu des valvules, d'autres dans le frottement de l'ondée du sang contre les parois des cavités qu'il traverse, d'autres dans le choc du cœur contre les parois thoraciques, d'autres enfin dans le rapprochement brusque des colonnes charnues des ventricules, qui durcies par la contraction s'appliquent en s'engrenant. Il ne m'appartient pas d'entrer dans la discussion et d'apprécier la valeur des arguments invoqués de part et d'autre. Mais il importe de remarquer que les phénomènes que l'on invoque comme pouvant rendre compte du bruit ne sont pas tous parfaitement simultanés; trois ont lieu d'abord, c'est-à-dire dès le commencement du temps qui nous occupe, ce sont : l'occlusion des valvules auriculo-ventriculaires, le soulèvement des valvules aortiques, le frottement du sang contre les parois; deux ont lieu seulement à la fin de la durée de ce temps, savoir : le choc du cœur contre la poitrine et l'application des parois ventriculaires l'un contre l'autre; or, il semble que c'est à la fin de ce temps et non au commencement que le bruit se fait entendre; il semble que le temps finit par le bruit; d'un autre côté le maximum d'intensité a lieu sur les ventricules vers la pointe; la conclusion à tirer serait, ce semble, que le bruit est dû ou au choc contre la paroi thoracique, ou au rapprochement des parois ventriculaires durcies, et très-probablement à ces deux causes réunies; de telle sorte que le bruit commencé par l'une est amplifié ou prolongé par l'autre.

Nous avons admis dans la contraction ventriculaire un troisième temps, 1° parce qu'il n'est pas bien certain que la locomotion qui s'arrête quand la pointe appuie contre la paroi thoracique, ne se prolongerait pas encore un peu si cet obstacle n'existait pas; 2° parce que l'on peut toujours accorder à l'application des parois ventriculaires l'une contre l'autre une certaine durée, quelque minime qu'elle puisse être; or, c'est cette durée d'application surtout qui à mes yeux constitue ce troisième temps de la contraction, pendant ce temps très-court rien d'important n'aurait lieu : ni locomotion, ni bruit; à peine peut-être, et ce serait là le seul but de cette durée d'application, à peine, disais-je, les valvules artérielles soulevées dans le temps précédent pourraient-elles, avant même la réaction des parois des artères et en vertu de leur propre pesanteur, se disposer pour leur rapprochement qui doit s'effectuer tout à l'heure. Ce temps mesurerait ce qu'on appelle le petit silence, ainsi appelé pour le distinguer d'un autre plus considérable que nous verrons avoir lieu plus tard.

Etudions maintenant la diastole ventriculaire qui succède à la systole que nous venons de décrire. Nous pouvons diviser la durée de cette diastole en deux temps (égaux ou inégaux) comprenant, le premier : la séparation même des surfaces appliquées, leur décollement pour ainsi dire; le second, l'ampliation même des ventricules par l'abord ultérieur du sang jusqu'à ce que leur contraction s'effectue de nouveau. Que se passe-t-il pendant le premier temps de la diastole? Plusieurs phénomènes très-importants s'effectuent alors simultanément. Ce sont : 1° l'écartement même des surfaces appliquées; 2° l'allongement de la pointe du cœur raccourcie pendant la systole; 3° le retour en place du cœur en masse par la cessation des causes qui ont effectué sa locomotion; 4° l'ouverture des valvules auriculo-ventriculaires; 5° l'entrée du sang par les orifices auriculo-ventriculaires; 6° la réaction des parois artérielles; 7° l'abaissement de leurs valvules; 8° un bruit clair dit second bruit.

Que se passe-t-il simultanément du côté des oreillettes? Restent-elles en diastole? ou commencent-elles leur systole? Rien ne porte à croire que leur diastole cesse encore; car, d'une part, leur systole n'est pas nécessaire pour faire passer dans les ventricules la quantité de sang qui doit combler le vide que tendent à produire l'écartement des parois et l'allongement de la pointe; la tension veineuse seule est suffisante pour cela, mais d'un autre côté un commencement de systole serait plus nuisible qu'utile, puisqu'interceptant soudain la communication des veines avec les cavités auriculaires, il empêcherait toute entrée ultérieure du sang veineux dans ces cavités, laquelle entrée reste possible tant que dure la diastole auriculaire. Cette manière de voir, d'ailleurs, est conforme avec les observations des expérimentateurs qui, après nous avoir montré les systoles auriculaire et ventriculaire se succédant, non seulement sans interruption, mais de manière même à ce que la dernière enjambe sur l'autre, signalent un moment de repos de tout l'organe après lequel recommence la systole auriculaire. Ce moment de repos ne peut être que le commencement de la diastole ventriculaire coïncidant avec la fin de la diastole auriculaire.

Avant de rechercher quelle peut être la cause immédiate qui produit le *second bruit*, il convient d'examiner si nous avons une raison de le placer dans ce premier temps de la diastole ventriculaire plutôt que dans celui qui va suivre. Pour cela disons de suite en quoi consiste ce second temps, et énumérons ce qui se passe pendant sa durée. Il consiste dans l'ampliation des ventricules et leur distension qui s'opère, non plus par l'effet de l'élasticité des parois dont l'action s'est épuisée dans le temps précédent, mais par la systole auriculaire qui désormais s'exerce et dure pendant le reste de la diastole ventriculaire, se prolongeant même un peu au delà, c'est-à-dire pendant le premier temps de la systole des ventricules. Il n'y a donc pendant ce second temps de la diastole ventriculaire d'autre phénomène important que la contraction même des oreillettes, laquelle toutefois a pour résultat de compléter la réascension de la base du cœur et de l'appliquer contre le sternum. Il s'agit donc uniquement de rechercher si la systole auriculaire coïncide en effet avec le second bruit et peut en être considérée comme la cause. Mais d'après ce que nous avons dit, et d'après ce qui a été observé par les expérimentateurs, la systole auriculaire succède *moins vite* à la systole ventriculaire que celle-ci ne succède à la première. Il s'en suit que le premier silence qui sépare la contraction des ventricules de celle des oreillettes et que nous avons appelé petit silence, devrait être plus considérable en durée que celui qui sépare la contraction auriculaire de celle des ventricules, et c'est l'inverse qui a lieu, donc, la contraction auriculaire n'est pas la cause du second bruit et partant nous avons eu raison de placer ce second bruit dans le premier temps de la diastole ventriculaire.

La contraction auriculaire et *ses effets*, une fois hors de cause pour la production du second bruit, il convient de rechercher parmi les divers phénomènes qui se passent simultanément pendant le premier temps de la diastole ventriculaire, quel est celui qui peut être la cause immédiate de ce bruit. Ici encore, comme pour le premier bruit, j'éviterai de discuter toutes les opinions qui se sont produites et la valeur des arguments sur lesquels chacune d'elles a paru s'appuyer. Toutefois parmi ces théories j'en examinarai deux spécialement, l'une, parce que selon moi, on a exagéré la valeur des arguments sur lesquels elle s'appuie, l'autre parce que l'on ne paraît pas en avoir assez tenu compte, même pour la réfuter.

La première est ce qu'on appelle la théorie valvulaire, c'est-à-dire, celle qui consiste à regarder les valvules artérielles comme vibrant sous la pression de la colonne sanguine que la systole artérielle ramène vers le cœur aussitôt que celui-ci entre en diastole. La seconde, assez peu connue, très-peu discutée, est celle qui consiste à placer la cause du second bruit dans l'*écartement même* des parois ventriculaires.

On regarde assez généralement la théorie valvulaire, en ce qui concerne au moins la partie que nous étudions, c'est-à-dire celle qui a rapport au second bruit, comme à peu près démontrée et inattaquable, et on se fonde surtout sur deux expériences qui paraissent concluantes. L'une consiste à ouvrir les oreillettes et à priver ainsi les artères de la colonne de sang qui doit tendre les valvules ; or, dans ce cas, plus de second bruit ; la seconde consiste à empêcher directement le jeu des valvules au moyen de crochets qui les tiennent appliquées contre les parois artérielles ; dans ce cas encore on supprime le second bruit.

Or, je dis que ces expériences n'ont de véritable valeur qu'autant que l'écartement des parois ventriculaires aurait été préalablement mis hors de cause pour la production du second bruit; car chacune d'elles modifie profondément les conditions sous l'influence desquelles cet écartement se produit à l'état normal. Précisons mieux ces conditions : à l'instant même où les ventricules entrent en diastole, deux phénomènes importants se produisent, savoir : 1° la séparation brusque des surfaces appliquées, leur décollement pour ainsi dire; 2° l'allongement de la pointe du cœur, raccourcie pendant la systole. A quoi sont dûs ces deux phénomènes? J'éloigne de suite l'idée de fibres musculaires spéciales dont la contraction produirait une diastole active, mais je ne puis m'empêcher de tenir compte de l'élasticité des parois ventriculaires et je le puis d'autant moins que si, sur le cœur extrait de la poitrine d'un animal mort depuis peu, d'un veau, par exemple, je simule la contraction des ventricules en raccourcissant un peu leur masse et appliquant leurs surfaces de manière à ce que les reliefs et enfoncements qu'elles présentent s'emboîtent réciproquement, je vois, dis-je, aussitôt que je cesse la pression, l'allongement et l'écartement s'effectuer brusquement en vertu de cette seule élasticité. Mais deux surfaces qui, après avoir été appliquées l'une contre l'autre, s'écartent par leur propre élasticité, vibrent en se séparant. Aussi dans l'expérience que je viens de citer, *sent-on, voit-on* et *entend-on* vibrer ces surfaces quand l'expérience a lieu dans l'air, c'est-à-dire quand l'élasticité seule produit l'écartement. Mais, pendant la vie, à *l'état normal,* est-ce encore l'élasticité seule qui produit cet écartement? Je réponds de suite que cela peut être, et de plus, que cela parait probable ou du moins qu'il n'y a qu'une force étrangère très-minime qui concourt avec l'élasticité. Cette force étrangère je la nomme de suite. C'est le résultat de la contractibilité veineuse qui tend à faire passer le sang à travers les oreillettes. Je ne mentionne pas la pression atmosphérique qui s'ajoute à cette force, car elle est équilibrée par une pression égale qui s'exerce sur la surface extérieure des ventricules. Ainsi les conditions dans lesquelles s'effectue l'écartement, à l'état normal, sont, sous le rapport des pressions qui s'exercent sur les surfaces extérieure et intérieure des ventricules à peu près les mêmes que celles qui se remarquent quand l'expérience s'opère dans l'air, c'est encore l'élasticité qui produit l'écartement, et dès lors on ne voit pas pourquoi cet écartement ne pourrait pas être accompagné de vibrations.

Mais ces mêmes conditions se retrouvent-elles encore quand on pratique sur le vivant une des deux expériences signalées plus haut, savoir : l'ouverture des oreillettes ou l'application, à l'aide de crochets, des valvules artérielles contre les parois des vaisseaux auxquelles elles sont attachées. Evidemment non. Et, en effet, en ouvrant, c'est-à-dire en incisant les oreillettes de manière à ce que le sang s'écoule dans l'air au lieu de pénétrer dans les ventricules, le résultat immédiat c'est l'application contre elles-mêmes des parois auriculaires et la suppression par conséquent : 1° de la pression atmosphérique à l'*intérieur* des ventricules, pression qui tout à l'heure était transmise à ces cavités par la continuité des vaisseaux afférents; 2° la légère pression occasionnée par la contractilité veineuse. On laisse intacte, il est vrai, l'élasticité des parois ventriculaires, mais cette élasticité peut-elle encore produire l'écartement, c'est-à-dire surmonter la pression atmosphérique qui a continué de s'exercer à l'*extérieur* des ventricules. Ici je répondrai encore évidemment non; et dès lors les parois ventriculaires ne peuvent plus s'écarter; et si leur contraction continue de s'effectuer, elle s'opère alors comme dans les muscles de la vie de relation qui se contractent sans quitter les surfaces sur lesquelles ils s'appliquent. Donc, à mes yeux, cette première expérience annihile complètement les conditions qui produisent ou permettent l'écartement à l'état normal.

La seconde expérience, celle qui consiste à tenir les valvules appliquées contre les parois artérielles, n'annule pas, sans doute, aussi évidemment ces conditions, mais je dis qu'elle les modifie encore profondément; et, en effet, au moment où le cœur entre en diastole, ce n'est plus seulement un très-faible excès de pression qui s'exerce à l'intérieur des ventricules, mais une pression considérable que la systole artérielle produit sur la colonne de sang qui reflue dans ces cavités. Sans doute cet excès de pression ne peut que produire un écartement plus facile et plus prompt, mais je n'oserais dire que cet écartement doive et puisse encore être vibratoire. Un ressort qui vibre par son élasticité cesse de le faire lorsqu'une de ces forces se trouve soumise à un certain degré de pression.

J'ai énoncé ci-dessus que, sur un cœur isolé, les parois, après avoir été rapprochées, vibrent en se séparant. Toutefois il s'en faut que tous les tissus qui concourent à former ces parois vibrent à un égal degré. La masse charnue proprement dite, le fait à peine d'une manière sensible, ce sont surtout les tissus fibreux, les cordes tendineuses des colonnes charnues et particulièrement peut-être certaines portions des valvules mitrales auxquelles ces cordes adhèrent. Il en résulte que le bruit a réellement son maximum d'intensité près du cercle valvulaire.

On peut, du reste, à chaque instant, et par une expérience des plus simples, se faire une idée de ce que peuvent être les vibrations produites par deux surfaces organiques qui s'écartent. Si après s'être appliqué sur le front deux doigts de la main, le medius et l'index, par exemple, l'on fait en sorte que l'index s'écarte et se rapproche alternativement et brusquement du medius resté en place, non seulement l'on constate deux bruits qui correspondent l'un au choc, l'autre à l'écartement, mais ces bruits ne se ressemblent pas, l'un est plus sourd, l'autre plus clair, et, si j'osais le dire, ils ont sous ce rapport la plus grande analogie avec les deux bruits réels du cœur. Il y a plus, cette facile expérience prolongée d'une manière régulière et sans perte de temps, donne également, entre les bruits, deux silences dont la durée relative se rapproche singulièrement de la durée également relative des deux silences qui séparent en réalité les bruits du cœur.

On pourrait, au surplus, tenter sur le vivant, quelqu'expérience directe qui pût élucider la question. On pourrait, par exemple, à l'aide d'une légère piqûre, préalablement faite à un ventricule, introduire dans sa cavité l'extrémité fermée d'un tube mince en caoutchouc, lequel distendu par l'insufflation, formerait à l'intérieur une vessie élastique, qui, permettant de modifier à volonté et le rapprochement et l'écartement des parois ventriculaires, permettrait également de constater, si, en effet, quelque modification analogue ne s'opérerait pas simultanément dans les bruits.

Quoiqu'il en soit de ces réflexions que je soumets au jugement des expérimentateurs et des physiologistes, je dirais pour me résumer :

1° La cause de la locomotion du cœur me paraît bien être celle que j'ai indiquée, celle que l'on désigne en physique sous le nom d'élasticité de compression et par laquelle on explique les mouvements du tourniquet hydraulique, des roues à réaction, du recul du fusil, etc.

2° C'est pendant la systole ventriculaire, au maximum d'abaissement du cœur, alors que sa pointe vient appuyer contre le thorax et que les parois des ventricules s'engrènent et s'appliquent l'une contre l'autre, c'est en ce moment, disais-je, que se fait entendre le premier bruit.

3° C'est pendant la diastole ventriculaire et plus particulièrement au commencement de cette diastole qu'a lieu le second bruit.

4° Les expériences sur lesquelles s'appuie la théorie valvulaire pour expliquer ce second bruit, ne me paraîtraient probantes qu'autant que l'écartement même des parois aurait, pour la production de ce bruit, été mis préalablement hors de cause.